1895

GUIDE DU PETIT ÉLEVEUR

GÉNÉALOGIE DES 176 ÉTALONS

DU

Dépôt de la Roche-sur-Yon, au 1er Janvier 1895

PAR

Louis HAMON

Ministère de l'Agriculture

Auteur du STUD-BOOK VENDÉEN
et des CHRONIQUES DE L'ÉLEVAGE
Route de Nantes, à la Roche-sur-Yon

PRIX : 1 fr. 25

En Vente chez L. HAMON

Route de Nantes, à la Roche-sur-Yon

	Par la Poste.
Le Stud-Book Vendéen, 1889, par L. HAMON. .	5 50
Les Chroniques de l'Élevage, 1891, p. L. HAMON	4 75
Le Stud-Book Vendéen, 1893, par L. HAMON. .	1 50
Le Guide du Petit Éleveur, 1895, par L. HAMON	1 25
La Chronique des Courses au Trot, en 1894, indispensable aux Éleveurs, publiée par *La France Chevaline*.	5 50
Autour des Courses, 1895. Mœurs sportives, par M. Louis BAUME, rédacteur en chef de *La France Chevaline*. — Fort volume très intéressant de 300 pages	3 50
Photographies des principaux étalons trotteurs, l'une	0 35
Photographies de l'étalon grand trotteur **Nangis** du haras de la Roche-sur-Yon; de **Pomponne,** la merveilleuse jument de M. Allain, qui a fait le trajet de Paris-Le Havre-Paris, 426 kilomètres en 53 h. 51', battant *Gazelle*, fille de Véhément, à M. de Béjarry, 56 h. 56', et *Merveilleuse*, arrêtée; de **Merveilleuse,** à M. Paillard, gagnante d'un match sur la route de Paris-Le Havre-Paris (426 kilomètres) contre le marcheur Ramogé, l'une	0 35

Renseignements hippiques adressés gratis sur demande, contre un timbre de 15 cent. pour réponse.

Poulains, Pouliches et Poulinières d'origine trotteuse confirmée, provenant des meilleures jumenteries de Vendée et de Normandie.

L. HAMON se charge d'établir les pièces nécessaires pour faire toucher la prime de 100 francs aux propriétaires de juments mères de chevaux primés aux concours hippiques de Nantes et Paris.

PRÉFACE

L'élevage est une industrie mise en œuvre pour tirer le meilleur profit des animaux qui en sont l'objet.

La fabrication du cheval, quand toutes ses périodes d'élaboration ne sont pas concentrées sous une même main, comporte deux ateliers : l'un pour la production, l'autre pour l'élevage.

Dans l'atelier de production dirigé par le naisseur, un facteur essentiel, qui est la poulinière, joue un rôle prépondérant, puisqu'elle conçoit le fruit qu'elle porte longtemps dans ses flancs et n'est séparée de son produit qu'après l'allaitement.

Par une loi de nature, facile à constater, même dans l'espèce humaine, le fils ressemble généralement à sa mère et la fille à son père.

Pour réussir en élevage, il faut la poulinière appropriée au milieu où elle doit fonctionner, en tenant compte de l'origine, de la conformation, des moyens et de la netteté. Elle doit, en outre, être exempte de tares héréditaires, surtout du cornage, reconnaissable en mouvements précipités, au bruit anormal et exagéré de la respiration, rappelant celui du cor. Ce vice redoutable, qui se cache parfois sous de séduisantes apparences, suffoque le cheval, au point de le rendre impropre à tout service rapide, ce qui lui enlève considérablement de sa valeur intrinsèque et le condamne à la boucherie, au préjudice d'un maître qui lui a beaucoup sacrifié en pure perte.

C'est pourquoi le naisseur doit se défaire, sans hésitation, des mâles et des femelles entachés du cornage héréditaire et fuir toute occasion d'introduire le fléau dans son élevage, par le fait de parents d'origine impure et ruineuse tôt ou tard pour les contrées qui en subissent le contact.

Ainsi que l'observe le général Daumas, dans son livre sur les *Chevaux du Sahara*, ce n'est pas sans raison que les Arabes, nos devanciers et nos maîtres en matière hippique, disent dans leur langage imagé : « La jument est un sac ; si tu y mets de l'or il en sortira de l'or, si tu y mets du sable il en sortira du sable. » Ce qui signifie que l'on doit donner à la poulinière le meilleur étalon possible.

C'est pour éclairer les éleveurs sur l'origine et le mérite des étalons mis à la disposition de l'élevage de Vendée et de la circonscription du haras de La Roche-sur-Yon, que le *Guide du Petit Eleveur* a été publié par son auteur, animé du désir d'être utile à une industrie chevaline dont les spécimens victorieux dans maints concours et courses en France et à l'étranger, ont mérité l'admiration des connaisseurs de toute nationalité, et pour exaucer le vœu des éleveurs.

Puisse l'Administration des Haras accorder à cette région si heureusement douée pour l'élève du demi-sang robuste et distingué, la quantité de reproducteurs de tête qu'elle mérite.

GUIDE DU PETIT ÉLEVEUR

(Les caractères gras sont réservés aux étalons trotteurs et aux bons reproducteurs. Les étalons de tête sont en outre indiqués par le signe — placé avant leurs noms; ceux d'un mérite supérieur par le signe = et enfin ceux qui sont remarquables par leur hauteur d'allures et la beauté de leurs actions, par le signe | .)

(Pour les achats d'étalons à la Roche-sur-Yon, à Rochefort et à Caen, voir le *Stud-Book Vendéen*, 1889, et les *Chroniques de l'Élevage*, 1891.)

— | **Albrant**, né en 1878, d. s. normand trotteur, b. b., 1 m. 56. Normand et Simonne, par Noteur ou Abrantès et Hercule. Gains, 8,915 fr.; Vitesse, 1'51" le kil. M. de Goulard, 8,000 fr. (Dépôt de la Roche-sur-Yon, depuis 1882.)

Père des étalons Hardi, 5,300 fr.; Imprévu, 9,000 fr.; Justin, 5,000 fr.; Kartoum, 5,500 fr.; Libéral, 5,000 fr.; Liron, 5,000 fr.; Lancelot, 5,000 fr., et des trotteuses Grenadine, Guinée (mère de Mars), La Sèvre, etc.

| *Alfort*, 1878, d. s. vendéen, al. f., 1 m. 53. Pactole et Sélika, par Kapirat II et Acacia. Gains, 2,100 fr. M. Bouillé, 6,000 fr. (R-s-Y., 1882.)

— | **Amadis**, 1878, d. s. normand, b., 1 m. 65. Nadar et Beaumanoir. M. Ledars, 6.500 fr. (R-s-Y., 1882.)

Architecte, 1878, d. s. normand, al., 1 m. 64. Ugolin et The Heir of Linne p. s. M. Pierre, 9,000 fr. (R-s-Y., 1882.)

— | **Arcole**, 1878, d. s. normand, trotteur, b., 1 m. 59. Quinola et Nita, par Ipsilanty et Pledge. M. Lemonnier, 5,500 fr. (R-s-Y., 1882).
Père des étalons Freluquet, 7,000 fr.; Gagne-Petit, 5,000 fr.; Ibique, 7,000 fr.; Jéhu, 5,000 fr.; Jadis, 6.000 fr.; Kroumir, 5,000 fr.; Kangourou, 6,000 fr.; Kasimir, 4,500 fr.: Licteur, 5,000 fr.; Laborieux, 4,500 fr.; Nalliers, 6,000 fr.; Gravier approuvé, et des trotteurs Historiette. Géant, Kriquet, Eclipse, Violette, Noémie, etc.

Aventurier, 1886, p. s. anglais, b., 1 m. 69. Flavio et Mlle Agnès, par Le Petit Caporal. Gains, 96,700 fr. M. d'Aldin, 12,000 fr. (R-s-Y., 1892.)

| *Bacon*, 1879, d. s. normand, b. b., 1 m. 62. Kabin et Séduisant. (R-s-Y., 1883.)
Père de l'étalon National, 5,500 fr.

Baron, 1879, d. s. normand, b., 1 m. 59. Officier, Pimpant ou Sabord et Héliotrope. (R-s-Y., 1883.)

Beauregard, 1879, d. s. normand, al. br., 1 m. 66. Jactator et Fleurie, par Vicomte et Képi. (R-s-Y., 1883.)

Beaurepaire, 1871, p. s. anglais, b., 1 m. 70. Mortemer et Beauty, par Knowsley. (R-s-Y., 1887.)
Père de l'étalon d. s. Navar, 4,500 fr., et des galopeurs d. s. Kermesse, Lotus et Lavaret.

| *Bernadotte*, 1879, d. s. normand, n., 1 m. 60. Phare et Sancho. (R-s-Y., 1883.)

Béziers, 1879, d. s. normand, b. b., 1 m. 61. Léotard et Lord. (R-s-Y., 1883.)

Brigadier, 1879, d. s. vendéen galopeur, b., 1 m. 59. Kapirat II et la galopeuse Pomponne, par Glaneur p. s. Gains, 1,300 fr. M. Gauvreau, 7,000 fr. (R-s-Y., 1883.)
Père des étalons Gagne-Petit 5,000 fr. et Givres 4,000 fr.

— **Callisthène**, 1880, d. s. vendéen, b., 1 m. 62. Novus, Liban et Henri IV. M. Bouillé, 6,000 fr. (R-s-Y., 1884.)

— | **Caustique**, 1880, d. s. normand, b., 1 m. 64. Régnard et Volante, par Ignoré et Beaumanoir. (R-s-Y., 1884.)
Père de l'étalon Mousquetaire 5,000 fr.

Cléodore, 1886, p. s. anglais, al., 1 m. 63. Stracchino et Clotho, par Bois-Roussel (R-s-Y., 1895.)

Commandant, 1876, p. s. anglais, b. b., 1 m. 62. Le Petit Caporal et Marcella, par Sting. (R-s-Y., 1888).

Père de l'étalon d. s. Joinville, 5,000 fr.

Condor, 1880, d. s. normand, b., 1 m. 61. Régulier et jument normande. (R-s-Y., 1881.)

Conscrit, 1880, d. s. normand, b., 1 m. 57, élevé à Angles. Saxifrage p. s., Centaure, Jactator et Pledge. M. Gauvreau, 5,500 fr. (R-s-Y., 1881.)

Père des étalons Montendre 5,000 fr. et Mousquetaire 5.000 fr.

Dagobert, 1881, d. s. normand, b., 1 m. 61. Saxifrage p. s. et Diane jument angl. M. Gost. (R-s-Y., 1885.)

Danaüs, 1881, d. s. vendéen, al. f., 1 m. 60. Kapirat II et Folie, par Black-Eyes p. s. M. Bouillé, 5,000 fr. (R-s-Y., 1885.)

Dante, 1881, d. s. de la Loire-Inférieure, b., 1 m. 58. Usurpateur et Pâquerette, par Malthus et Necker. M Bouillé 5.500 fr. (R-s-Y., 1885.)

Desgenettes, 1881, d. s. vendéen trotteur, rouan, 1 m. 60. Pactole et Rosine, par Jambes d'Argent et Sir Benjamin p. s. Gains, 2,000 fr.; vitesse, 1'49". M. Gauvreau, 5,500 fr. (R-s-Y., 1885.)

Père des étalons Issoire 4,000 fr., Izéron 4,500 fr., Les Epesses 6,000 fr.

Diable-au-Corps, 1881, d. s. normand, al., 1 m. 60. Shamrock et Urus. (R-s-Y., 1885.)

Diapason, 1881, d. s. vendéen, rouan vineux, 1 m. 58. Romuald et Coquette, jument vendéenne, mère de la trotteuse La Sèvre. M. Bouillé, 5,000 fr. (R-s-Y., 1885.)

Dimitri, 1881, d. s. normand, b., 1 m. 63. Sénéchal et Beaumarchais. (R-s-Y., 1885.)

Eboli, 1882, d. s. normand, al. f., 1 m. 60. Niger et Constance, par Faust p. s. et Valentine, par Buci. (R.-s-Y., 1886.)

| *Eclaireur*, 1882, d. s. vendéen, al., 1 m. 62. Terme, Jacquard et Black-Eyes p. s. M. Bouillé, 5,000 fr. (R-s-Y., 1886.)

| *Elays*, 1882, d. s. de la Loire-Inférieure, al. br. f. rub., 1 m. 62. Kapirat II et La Vallière, par Eros et Sir Benjamin p. s. M. Ciron, 5,000 fr. (R-s-Y., 1886.)

| *Electricien*, 1882, d. s. vendéen, al., 1 m. 60. Terme, Black-Eyes p. s., Jambes d'Argent et Necker. M. Bouillé, 5,500 fr. (R-s-Y., 1886.)

Père de l'étalon Juvénil, 5,000 fr.

| *Ephèse*, 1882, d. s. normand, b. ch. rub., 1 m. 63. Utrecht (Palm) Quickly et Kapirat 1er (R-s-Y., 1886.)

Eragny, 1882, d. s. normand, b., 1 m. 62. Lodi, Samrock et Succès. Acheté 6,000 fr (R-s-Y., 1886.)

Essex, 1882, d. s. normand, b., 1 m. 62. Soldat, Marignan d. s. et Interprète. Acheté 6.000 fr. (R-s-Y., 1886.)

Euritus, 1882, d. s. normand, b., 1 m. 65. Orfila, Unau et Robinson p. s. Acheté 5,500 fr. (R-s-Y., 1886.)

Falvy, 1883, d. s. charentais, b., 1 m. 61 Quibbler et la mère d'Unilatéral, par Obéron. M. Bouillé, 6,000 fr. (R-s-Y., 1887.)

— **Felzins**, 1883, d. s. vendéen, al. br., 1 m. 62, propre frère de Vaisseau et Amical, par Kapirat II et La Royale, par Royal-Quand-Même p. s., John-Bull et Acacia. M. Bouillé, 6,000 fr. (R-s-Y., 1887.)

Père de l'étalon Kaboul issu d'une Quimos.

Fenay, 1883, d. s. vendéen, al., 1 m. 60. Passe-Père p. s., Hargneux et Cornichon. M. Bouillé, 5,500 fr. (R-s-Y., 1887.)

— | **Fenier**, 1883, d. s. vendéen, al., 1 m. 62. Queymadéro et Rosette, par Esculape. M. Bouillé, 5,000 fr. (R-s-Y., 1887.)

Père des étalons Kœnisberg, 4,500 fr.; Montfort, 5,000 fr. et Néophyte, 4,000 fr.

Fleuristo, 1885, p. s. anglais, b. b., 1 m. 61. Florentin et La Violette, par Le Petit Caporal. M. F. Dufour, 7,000 fr. (R-s-Y., 1891.)

— | **Floréal**, 1883, d. s. normand, b., 1 m. 61. Phare, Ribaud et Morgan. (R-s-Y., 1887.)

— | **Gascon**, 1881, d. s. vendéen trotteur, al., 1 m. 56. Kapirat II et Rosette, par Jambes-d'Argent ou Karibon et John-Bull. Gains, 7,960 fr.; vitesse, 1'50". M. Gauvreau, 7,000 fr. (R-s-Y., 1888.)

Père des étalons Léo, 1,500 fr.; Lairoux, 5,000 fr.; Nougat, 4,500 fr.; Nez-Blanc, 5,000 fr., et Naucrate, 5,500 fr.

| *Gavrus*, 1881, d. s. normand, al., 1 m. 60. Banyuls, Aster p. s., Ugolin et Uzel, (R-s-Y., 1888.)

Gédéon, 1879, p. s. ang. ar., al., 1 m. 55, né au haras de Pompadour. Harami ar. et Stockwell-Mare, par Stockwell (R-s-Y., 1887.)

— **Géranium**, 1881, d s. vendéen, al., 1 m. 60. Passe-Père p. s., Terme et Permutant. M. Gauvreau, 4,500 fr. (R-s-Y , 1888.)

Père de l'étalon Matelot, 6,000 fr.

| *Géricault*, 1884, d. s. normand, al., 1 m. 62. Shamrock, Hélios et Macouba (R-s-Y. 1888.)

— **Givrand**, 1881, d. s. vendéen, al., 1 m. 65. Terme et Julienne, par Julien, Necker et Danaüs. M. Bouillé, 6,500 fr. (R-s-Y., 1888.)

Père de l'étalon Lexique, 6,500 fr.

— | **Glaive**, 1884, d. s. normand, b., 1 m. 60. Orphée et Bravo p. s. (R-s-Y., 1888.)

Père de l'étalon Narquois, 5,000 fr.

— | **Glaris**, 1884, d. s. normand, b. b., 1 m. 60. Phare, Ribaud et Historien (R-s-Y, 1888.)

— | **Goldoni**, 1884, d. s. normand, b., 1 m. 60. Tristan, Législateur et Coleraine (R-s-Y., 1888.)

Père de l'étalon Navire, 6,500 fr.

Goliath, 1881, d. s. charentais, n., 1 m. 60. Lazzarone p. s. ang. ar., Ordinal et Misanthrope. M. Audouin, 5,000 fr. (R-s-Y., 1888.)

Gouverneur, 1881, d. s. vendéen, al. rub., 1 m. 60. Terme et La Bossue (mère d'Iphitus), par Kapirat II et Mlle du Perrier, par Julien et Necker. M. Gauvreau, 5,000 fr. (R-s-Y., 1888.)

| *Grassouillet*, 1884, d. s. normand, b. b., 1 m. 60. Phare, Ribaud et Dragon p. s. (R-s-Y., 1888.)

Gratin, 1881, d. s. normand, b., 1 m. 62. Sénéchal, Pancrace et Harmonieux (R-s-Y., 1888.)

Père des étalons Museat, 4,500 fr., et Merinos, 4,500 fr.

Hamilton, 1885, d. s. normand, n., 1 m. 60. Racoleur, Underham et Fleuron. M. Brion, 5,500 fr. (R-s-Y., 1889.)

Haut-Huppé, 1885, d. s. normand, b., 1 m. 62. Kaolin p. s. et Pastourelle, par Voilà et Introuvable. M. de la Ville, 8,000 fr. (R-s-Y., 1889.

En 1891 un de ses fils a été vendu 2,200 fr., à 6 mois, par M. Louis Crochet, éleveur à Sallertaine.

Haut-Sauterne, 1885, d. s. normand, al., 1 m. 61. Phaéton et Rosalie, par Fleuron et Buci Gains, 650 fr. Vitesse, 1'59". M. Lecoispellier, 6,000 fr. (R s Y., 1889.)

Hector, 1885. d. s. normand, n., 1 m. 58. Dictateur app. et Giboulée, par Niger et The Norfolk Trotter. M. Bouillé, 6,500 fr. (R-s-Y., 1889).

Père de l'étalon Martel, 5,000 fr.

Héliogabale, 1885, d. s. norm., al. f., 1 m. 60. Cambacérès et Eglantine, par Eole II p. s. et Valdemar. M. Brion, 6,500 fr. (R-s-Y, 1889.)

Helvétius, 1885, d. s. normand, al., 1 m. 66. Banyuls, Ugolin et Karbout. M. de la Ville, 8,000 fr. (R-s-Y., 1889.)

Père des étalons Marjolet, 5,000 fr.; Mystère, 6,000 fr.; Magenta, 6,500 fr.; Nourrisson, 5,500 fr., et Nicodème, 6,000 fr. Un propre frère de Mystère a été acheté 1,450 fr., à 6 mois, par M. Bouillé, en 1891.

Hémistiche, 1885, d. s. normand. b. b., 1 m. 60. Uzerche, Auguste p. s. et Volcan. M. de la Ville, 5,500 fr. (R-s-Y., 1889.)

Herculanum, 1885, d. s. normand, b., 1 m. 61. Oriental et Kilogramme app. M. Lemaître-Dupart, 5,000 fr. (R-s-Y, 1889.)

Hernani, 1885, d. s. normand trotteur, al., 1 m. 60. Phaéton et Sérénade, par Lucain et Ottoman. Gains, 12,713 fr. 25; Vitesse, 1'42". M. Lallouet, 11,000 fr. (R-s-Y., 1889.)

Père de l'étalon Nabab, 5,500 fr.

Hérode, 1885, d. s. normand, b. 1 m. 62. Typique. Libérator et jument anglaise. Mme veuve Ch. Lefèvre, 8,000 fr. (R-s-Y., 1889.)

Père des étalons Mystérieux, 5,000 fr. et Mail-Coach, 6,500 fr.

Héros, 1885, d. s. vendéen, r., 1 m. 63. Romuald et Comète, par Kapirat II. Auriol p. s. et Délicat. M. Bouillé, 7,000 fr. (R-s-Y., 1889.)

Hop, 1885, d. s. normand, b., 1 m. 61. Vautrain, Victorieux et Volcan. M. Brion, 6,000 fr. (R-s-Y., 1889.)

Huguenot, 1885, d. s. vendéen, b., 1 m. 63. Terme et Julienne, par Julien et Cornichon. M. Gauvreau, 5,600 fr. (R-s-Y., 1889.)

Père des étalons Méphisto, 5,000 fr.; Muscadin, 5,500 fr. et Nassim, 5,000 fr. Suit, comme reproducteur, les traces de ses illustres ascendants qui, comme lui, étaient des étalons d'un mérite supérieur. Mme veuve Duflef, éleveur à Saint-Gervais, a refusé 1,800 fr. d'une des filles de Huguenot âgée de 6 mois et ayant pour mère Kalouga, par Queymadéro.

Iama, 1886, d. s. Charentais, b. b., 1 m. 61. Violon, Puiset et Kalbrenner. M. Pignon, 5,000 fr. (R-s-Y., 1890.)

Iar, 1886, d. s. vendéen, al. f., 1 m. 60. Terme et Bergère, par Necker et Young Gambetti. M. Bouillé, 5,500 fr. (R-s-Y., 1890.)

Ibicus, 1886, d. s. vendéen, al. f., 1 m. 60. Amical et Centaure, par Black-Eyes p. s., Permutant et Jambes-d'Argent. 1er prix, médaille d'or et 1,000 fr, Exposition universelle Paris, 1889. M. Bouillé, 6,500 fr. (R-s-Y., 1890.)

Père de l'étalon galopeur Bois-de-Céné, 1,500 fr.

Ibique, 1886, d. s. trotteur Loire-Inférieure, al., 1 m. 61. Arcole et Bienfaisante, jument de demi-sang. Gains, 2,681 fr. 65; vitesse, 1'43" 1/8. M. Garreau, 7,000 fr. (R-s-Y., 1890.)

Iédo, 1886, d. s. vendéen, al. lég. rubican, 1 m. 63. Terme, Liban et Molière. M. Bouillé, 6,000 fr. (R-s-Y., 1890.)

Indiscutable, 1886, d. s. norm., b., 1 m. 63. Domino-Noir, Lansborn app. et Castor. M. de la Ville. (R-s-Y. 1890.)

Indret, 1886, d. s. normand, b. b., 1 m. 60. Dictateur app., Oriental et Usbékieh p. s. arabe. M. Bouillé, 5,000 fr. (R-s-Y., 1890.)

— | **Iphitus**, 1886, d. s. vendéen, al., 1 m. 61. Beauvoir et la Bossue (mère de Gouverneur), par Kapirat II et Mlle du Perrier, par Julien et Necker. M. Gauvreau, 5,000 fr. (R-s-Y., 1890.)

— | **Irun**, 1886, d. s. normand, n., 1 m. 60. Noville et Espérance II, par Tigris et Quia. Gains, 250 fr. ; Vitesse, 1'52". M. Desfontenelles, 6,000 fr. (R-s-Y., 1890.)

Père du trotteur Noceur, gagnant en 1891, 9,820 fr.

Isard, 1881, p. s. anglo-arabe, al. 1 m. 62, né à Pompadour. Daoud ar. et Clorinda, par Angelus. (R-s-Y., 1885.)

| *Jackson*, 1887, d. s. vendéen, al., 1 m. 65. Beauvoir et Belle-de-Jour, par Kapirat II et la mère de Samson, par Barbe-Bleue et Alisor l'un des derniers fils du fameux étalon Y. Rattler. M. Bouillé, 5,000 fr. (R-s-Y., 1891.)

— | **Jacquet**, 1887, d. s. normand trotteur, b. m., 1 m. 60. Lavater et Allumette, par The Heir of Linne p. s. et Kindler, par Eylau p. s. anglo-arabe. Gains, 3,265 fr. ; Vitesse, 1'42". M. de Basly, 7,000 fr. (R-s-Y., 1891.)

En outre de Jacquet, Allumette a produit les étalons trotteurs Coq-à-l'Ane, Hallali, Loup-Garou et Nizam ainsi que la fameuse trotteuse Médine II (4,000 mètres en 6'20" = 1'35") l'une des gloires de l'élevage français. Jacquet est sans contredit le plus beau trotteur, monté, du haras de la Roche-sur-Yon. Cet étalon est remarquable par sa hauteur d'allures et la beauté de ses actions, il trotte vite et beau : ce fils de Lavater m'inspire une certaine confiance.

— | **Jaguar**, 1882, p. s. anglo-arabe, al., 1 m. 62, né à Pompadour. Vulcan et Ariane ar., par Mecklam et Barizade. (R-s-Y., 1886.)

Père des étalons Khédive, 4,000 fr., et Karmignac, 6,000 fr.

Japonais, 1887, d. s. normand, b., 1 m. 63. Diplomate et Harmonieux. Mme de la Ville. (R-s-Y., 1892.)

| **Jason III**, 1887, d. s. normand, trotteur, b. f., 1 m. 61. Tigris et Bécassine, par Conquérant et Blonde, par Sultan. Gains, 1,760 fr. ; vitesse, 1'46". M. Bouillé, 5,500 fr. (R-s-Y., 1891.)

Jerk, 1887, d. s. normand, al., 1 m. 64. Canut et Nagel. M. Busnel, 5,000 fr. (R-s-Y., 1891.)

Job, 1887, d. s. normand, b., 1 m. 61 Vautrain, Ugolin et Paladin p. s. Mme veuve Ch. Lefèvre, 6.500 fr. (R-s-Y., 1891.)

| *Jongleur*, 1887, d. s. normand, b., 1 m. 62. Tigris et Virago II, par Normand et Bécassine, mère de Jason III. M. Bouillé, 5.000 fr. (R-s-Y., 1892.)

— | **Jongleur XII**, 1887, d. s. trotteur, Loire-Inférieure, b., 1 m. 59. Bégonia et Lingère, par Q'en-dira-t-on et Mignonne, par Hargneux et Dias. Gains, 20.899 fr.; vitesse, 1'41" 3/4. M. Garreau, 8,000 fr. (R-s-Y., 1893.)

— | **Jourdan**, 1887, d. s. normand trotteur, al , 1 m. 58. Valencourt app. et Constance, par Noville et Fortuna, jument de pur-sang (mère de la célèbre trotteuse Capucine par Tonnerre-des-Indes et Harriett. Gains, 11.387 fr. 50; vitesse, 1'40" 9/10 monté, 1'42" 2/3 attelé. MM. J. Ricard et A. Margrin, 14,000 fr. (R-s-Y., 1891.)

Une de ses filles, issue de la fameuse poulinière vendéenne Destinée, a été vendue 3,000 fr., à six mois, en 1892, par M. Ad. Boucher, éleveur à Bois-de-Céné.

Justicier, 1887, d. s. normand, b., 1 m. 65. Bretteur et Young, imposteur app. MM. Ballière et Davot, 6,000 fr. (R-s-Y., 1891.)

— | **Kaboul**, 1888, d. s. normand, trotteur, b. f., 1 m. 62, élevé chez M. L. Blay, à Nalliers. Cherbourg et Champagne II, par Rivoli app. et Champagne I, par Lavater et The Heir of Linne, par The Heir of Linne p. s. et Bailliette, par Hautain app., Lahore et Ledstone p. s. Gains, 18,021 fr. 25; vitesse, 1'35" 3/4. M. de Lotherie, 13,000 fr. (R-s-Y, 1893.)

La trotteuse Champagne, son illustre grand'mère, a gagné 20,000 fr. d'argent public.

Kampong, 1888, d. s. normand, b., 1 m. 61. Fulminant et Cocotte, par Truplu et Kabin. M. Brion. (R-s-Y., 1892.)

Karral, 1888, d. s. vendéen, al., 1 m. 60. Calvin et Eugénie, par Queymadéro et Acacia. M. Ed. Batiot, 5,500 fr. (R-s-Y., 1892.)

— | **Kémeth**, 1888, d. s. normand, b. b., 1 m. 64. Fournichon et Souvenir, par Saturne et Samman p. s. ar. M. Brion. (R-s-Y., 1882.)

— | **Kilomètre,** 1888, d. s. normand, trotteur, b. b., 1 m. 66, élevé au haras de Beau-Désert (Gironde). Cherbourg et Printanière (mère du trotteur Laborieux), par Vermouth p. s. et Trompeuse, par Fitz-Pantaloon p. s' et Séducteur. Gains, 9,138 fr. 75; Vitesse, 1'12" 1/3. M. E. Piganeau, 11,000 fr. (R-s-Y., 1892.)

En 1891, un de ses fils, issu de la trotteuse Gazelle, a été vendu 2,000 fr., à 6 mois, par M. A. Rousselot, éleveur au Perrier. M. Traineau, éleveur au Bourg-sous-la-Roche, a refusé 1,020 fr. d'une de ses filles avec Dictatrice, par Liban.

Kino, 1888, d. s. normand, b., 1 m. 61. Espoir et Rapide, par Saphir et Séduisant. Mme veuve de la Ville. (R-s-Y., 1892.)

— | **Kléber**, 1888, d. s. bigourdan, b., 1 m. 59, élevé à Saint-Etienne-de-Montluc. Freluquet (fils d'Arcole) et Fleurance d. s. bigourd. par Parry p. s. ang. et Nemrod p. s. ang.-ar. M. Garreau, 6,000 fr. (R-s-Y., 1892.)

— | **Kœnisberg**, 1888, d. s. normand trotteur, b. m., 1 m. 60. Cherbourg et Dwina, par Serpolet-Bai et Kitty, par Kaolin p. s. et Ida, par William p. s. et Ida, par Basly et Impérieux. M. Lallouet, 7,000 fr. (R-s-Y., 1892.)

En 1891, M. L. Blay, éleveur à Nalliers, a acheté 1,000 fr., à 6 mois, une de ses filles, issue d'une Epilogue et née chez M. Billet, éleveur à Soullans.

| *Lagny*, 1889, d. s. normand, b. m., 1 m. 61. Bataillon, Kabin et Volcan. M. Brion. (R-s-Y., 1893.)

Lameck, 1889, d. s. normand, b., 1 m. 62. Don Quichotte et Rigolo, ap. M. Brion. (R-s-Y., 1893.)

| *Lampyre*, 1889, d. s. normand, al., 1 m. 67. Gérardmer, Norfolk-Trotter et Valdemar. M. Gost. (R-s-Y., 1893.)

| *Lancelot*, 1889, d. s. vendéen, b. b., 1 m. 66. Albrant et Rovigo. M. Gauvreau, 5,000 fr. (R-s-Y., 1893.)

| **Landelles**, 1889, d. s. normand, b., 1 m. 62. Dacapo et Samrock. M. Busnel, 5,500 fr. (R-s-Y., 1893.)

M. Pierre Vrignaud, éleveur aux Forges, en Sallertaine, a refusé 1,500 fr. d'une pouliche de 6 mois, par Landelles et Fleur-de-Mai, par Thuriféraire. Ce même éleveur a vendu

1,025 fr. à 6 mois un poulain par Landelles et Mlle du Verger, par Sedan p. s., M. Fleury, éleveur à Beauvoir-sur-Mer, a vendu 1,300 fr. à M. Thomas, éleveur charentais, un poulain de 6 mois, issu de Landelles et de Margot II, par Caribert.

| *Landrecies*, 1889, d. s. normand, al. b., 1 m. 65. Livet et Saint-Rigomer. M. Brion. (R-s-Y., 1893.)

— | **Lapin**, 1889, d. s. vendéen trotteur, b., 1 m. 60, né et élevé chez M. P. Simonneau, à Maillé. César et Charlotte, par Lapin, trotteur russe et Black-Eyes p. s. Gains, 11,170 fr.: Vitesse, 1'40" 1/5. M. P. Simonneau, 8,000 fr. (R-s-Y., 1891.)

Lasson, 1889, d. s. normand, b., 1 m. 61. Darnétal et Utrecht. M. Lesaunier, 4,000 fr. (R-s-Y., 1893.)

| *Lecerf*, 1889, d. s. charentais, b. b., 1 m. 62. Garbon, Nivôse et Saint-Cloud p. s. M. Bouillé, 6,500 fr. (R-s-Y., 1893.)

— | **Le Lion**, 1877, p. s. anglais, b. m., 1 m. 62. Androclès et Barbillonne, par Y. Gladiator. Gains, 36,712 fr. M. Desvignes, 15,000 fr. (R-s-Y., 1882.)

Père des trotteurs Harmonie, Herminie et La Lionne, et de la galopeuse Ivresse.

Léna, 1889, d. s. normand, b., 1 m. 65. Dunois et Utrecht. M. Brion. 4,000 fr. (R-s-Y., 1893.)

Léoben, 1889, d. s. normand, b., 1 m. 65. Expresse et Extase. MM. Ballière et Davot, (R-s-Y., 1893.)

Le Rieufort, 1885, p. s. anglais, al. b., 1 m. 60, Bay-Archer et La Rosière, par Consul. Gains, 72,000 fr. Baron Finot, 18,000 fr. (R-s-Y., 1891.)

Le Roi-de-Pique, 1889, d. s. normand, n., 1 m. 65. Dard p. s. et Phare. M. Nicole, 4,500 fr. (R-s-Y., 1893.)

Letopper, 1889, d. s. normand, b., 1 m. 61. Eson, Argonaut p. s. et Dictateur. M. Gost. (R-s-Y., 1893.)

Lexovien, 1889, d. s. normand, al., 1 m. 61. Young Kapirat et Vico. M. Lemaître-Dupart, 5,000 fr. (R-s-Y., 1893.)

Lincoln, 1889, d. s. normand, b. b., 1 m. 65. Esbly et Teinturier. M. Pierre. (R-s-Y., 1893.)

Laron, 1889, d. s. vendéen, b., 1 m. 60. Albrant et Mignonne, par Julien et Douglas. M. Gauvreau, 5,000 fr. (R-s-Y., 1893.)

Lis, 1889, d. s. charentais, b., 1 m. 60. Tant-Mieux p. s., Carmin et Magyard. M. Bouillé, 5,000 fr. (R-s-Y., 1893.)

Louval, 1889, d. s. charentais, al., 1 m. 62. César et Trouville p. s. M. Godin, 5,000 fr. (R-s-Y., 1893.)

Lord Euvre, 1888, p. s. anglais, al, f., 1 m. 60. Zut et Lady Henriette, par West-Australian Gains, . (M. Holtzer, 20,000 fr. (R-s-Y., 1891.)

Lundi, 1889, d. s. vendéen, b., 1 m. 61. Queymadéro, Fontainebleau p. s. et la bisaïeule de Felzins, par Acacia. M. Gauvreau, 6,000 fr. (R-s-Y., 1893.)

Luxeuil, 1889, d. s. normand, b., 1 m. 6 . Darnétal et Quinte-Curce, M. Ledars, 5,000 fr. (R-s-Y., 1893.)

Madras, 1890, d. s. normand, b., 1 m. 63. Dacapo et Shamrock. M. Gost. (R-s-Y., 1891)

Madura, 1890, d. s. normand, b., 1 m. 60. Hottentot et Dollar. M. Gost. (R-s-Y., 1894.)

Magenta, 1890, d. s. vendéen, b., 1 m. 60. Helvétius, Terme et Rovigo. M. Bouillé, 6,500 fr. (R-s-Y., 1894).

Mail-Coach. 1890, d. s. vendéen, rouan, 1 m. 65. Hérode et Egerie, par Romuald et Duchesse, jument de l'Etat. M. Gauvreau, 6,500 fr. (R-s-Y., 1891.)

Mandrin, 1890, d. s. vendéen, al., 1 m. 59. Grand-Papa et Beauvoir. M. Gauvreau, 5,000 fr. (R-s-Y., 1894.)

Manneville, 1890, d. s. normand, b., 1 m, 60. Calambac et Utrecht. M. Brion. (R-s-Y., 1894.)

Manuel, 1890, d. s, normand, b., 1 m. 61, Gusman et Rodon app.. M. Brion (R-s-Y., 1894.)

Marabout, 1890, d. s. normand, al., 1 m. 61. Gérardmer et Valdempierre. M. C. Forcinal (R-s-Y., 1894.) Remarquable en action.

Marengo, 1890, d. s. normand trotteur, b. b., 1 m. 60. Fuschia et Faustine, par Serpolet-Bai et Ran-ja-i-mé, par Kaolin p. s., Gaulois, Tamberlick p. s. et Schamyl p. s. Gains, 1,230 fr.; vitesse 1'37" 1/2. M. Lallouet, 7,000 fr. (R.-s-Y., 1894.)

Marengo est l'un des plus beaux étalons du haras de La Roche-sur-Yon.

Marquis, 1890, d. s. charentais, al., 1 m. 60. Kourly p. s. angl-ar., Carmin et Alerte, jument de p. s. M. Marchais, 5,000 fr. (R-s-Y., 1894.)

Mars, 1890, d. s. vendéen, trotteur, b., 1 m. 60, né et élevé chez M. Gauvreau, à Angles. Fuschia et Guinée, par Albrant et Vendéenne, par Pactole et Sauterelle, par Jambes-d'Argent et Framboise, par Brocardo p. s. Gains, 37,231 fr. 70; vitesse, 1'37" 3/5. M. F. Gauvreau, 20,000 fr., (R-s-Y, 1894.)

La trotteuse Guinée a gagné 6,580 fr. d'argent public.

Martinet, 1890, d. s. charentais, al , 1 m. 59. Croissant p. s. angl-ar. et Torcol, M. Moinier, 5,000 fr. (R-s-Y., 1894.)

Martin-Sec, 1890, d. s. normand, b., 1 m. 63. Bataillon et Truplu, M. Lemaitre-Dupart (R-s-Y., 1894.)

Matha, 1890, d. s. normand, b., 1 m. 63. Hardy et Jackson. M. Desfontenelles. (R-s-Y., 1894.)

Merci, 1890, d. s. normand, b. b., 1 m. 63. Edimbourg et Marignan d. s. M. Brion. (R-s-Y., 1894,)

Merveilleux, 1890, d. s. vendéen, al., 1 m. 62. Grand-Papa et Destinée, par Pactole et La Talbot (aïeule d'Alfort), par Acacia, Madrigal et Cornichon. M. Bouillé, 6,500 fr. (R-s-Y., 1894.)

Montgomme, 1878, p. s. anglais, al.. 1 m. 60. Mortemer et Morna, par Beadsman. Gains, 2,025 fr. M. de Montgommery, 10,000 fr. (R-s-Y., 1882.)

Monttuc, 1890, d. s. de la Loire-Inférieure, b., 1 m. 60. Amical, Beauvoir et Liban MM. Garreau et Lécuyer, 5,000 fr. (R-s-Y , 1894.)

Moujick, 1890, d. s. normand, b., 1 m. 63, Etendart et Torrent p. s. M A. Hervieu. (R-s-Y., 1894.)

Moulin-Rouge, 1890, d. s, normand. b. b., 1 m, 65. Etendard et Niger. M. Lechesne. (R-s-Y., 1894.)

Mylord, 1890, d. s. normand, al., 1 m. 60. Valencourt app. et Irlandais. M. A. Lebaudy. R-s-Y., 1894.)

Mystère, 1890, d. s. vendéen, al., 1 m. 61. Helvétius et Judaï (mère d'Epilogue et Joinville, par Liban et Julien. M. Bouillé, 6,000 fr. R-s-Y., 1894.

Mystérieux, 1890, d. s. vendéen. b., 1 m. 62. Hérode et Sedan p. s. M. Gonin. 5,000 fr. (R-s-Y., 1894.)

Nacqueville, 1891, d. s. charentais. b., 1 m. 61. Decrescendo et Margot, par Kalife et Urville. M. Gaboriaud, 5,000 fr. (R-s-Y., 1895.)

Nadar, 1891, d. s. normand, b. 1 m. 63. Fred-Archer et Idoménée. M. A Lebaudy. (R-s-Y., 1895.)

Nalliers, 1891, d. s. vendéen trotteur, b., 1 m. 60. Arcole et Consolation, par Pactole et Malvina, par Caldéron. Gains, 1,091 fr.; Vitesse, 1'46" 1/10. M. L. Blay, 6,000 fr. (R-s-Y., 1895.)

La trotteuse Consolation a gagné 18,235 fr. d'argent public.

Nancy, 1891, d. s. normand, n., 1 m. 58, élevé à Saint-Etienne-de-Montluc. Edimbourg et Indienne p. s., par Fataliste. MM. Garreau et Lécuyer, 5,000 fr. (R-s-Y., 1895.)

Nangis, 1891, d. s. normand, trotteur, al., 1 m. 62, élevé dans la Gironde. Fuschia et Espérance, par Abrantès et Brillante, par Destin, Tipple-Cider p. s. et Xerxès. Gains, 19,228 fr.; vitesse, 1'39" 11/16. M. Marcillac, 17,000 fr. (R-s-Y., 1895.)

Nantes, 1891, d. s. normand, b. b., 1 m. 63. Colporteur et La Petite, par Mars et The Heir of Linne p. s. M. Gost. (R-s-Y., 1895.)

Nargué, 1891, d. s. normand, b. b., 1 m. 63. Colporteur et Ecausseville, par Carnavalet et Pomperat, par Lavater. M. Gost. (R-s-Y., 1895.)

Naucrate, 1891, d. s. vendéen, b., 1 m. 61. Gascon et Grisette, par Shérif et Kabasson. M. Gauvreau, 5,500 fr. (R-s-Y., 1895.)

Nautilus, 1891, d. s. vendéen, al., 1 m. 63. Epilogue et Julie, par Terme et Pasteur p. s. M. Bouillé, 6,000 fr. (R-s-Y., 1895.)

Navire, 1891, d. s. vendéen, b. b., 1 m. 63. Goldoni et Nitra, par Printemps p. s. et Néflier. M. Olliveau, 6,500 fr. (R-s-Y., 1895.)

| *Négus*, 1891, d. s. normand, n., 1 m. 63. Echo et Kilomètre. M. Viel. (R-s-Y., 1895.)

Neufchâtel, 1891, d. s. normand, b., 1 m. 60. Habéo et Ray Gras. M. Brion. (R-s-Y., 1895.)

| *New-Yorck*, 1891, d. s. normand, b. b., 1 m. 62, élevé chez M. Gauvreau, à Angles. Cherbourg, Noteur et Phenomenon. M Gauvreau, 7,000 fr. (R-s-Y., 1895.)

| *Nicobar*, 1891, d. s. normand, n. 1 m. 60. Harold et Orpheline, par Valparaiso et Stade. MM Ballière et Davot. (R-s-Y., 1895.)

Nicodème, 1891, d. s. vendéen, al., 1 m. 62. Helvétius et Jahel, par Terme, Julien et Molière. M. Gauvreau, 6,000 fr. (R-s-Y., 1895.)

Niort, 1891, d. s. vendéen, al., 1 m 62. Arius et jument vendéenne de demi-sang. M. F. Diet, 6,000 fr. (R-s-Y., 1895.)

| *Non-Sens*, 1891, d. s. normand, al. br., 1 m. 58. Phaéton et Saint-Rigomèr. M. Maunoury, 5,000 fr. (R-s-Y., 1895.)

Nonus, 1891, d. s., normand, al., 1 m. 62. Gibraltar et Cocotte, par Gourmet p. s. et Jackson. MM. Ballière et Davot. (R-s-Y., 1895.)

| **Norberg**, 1891, d. s. normand trotteur, b. b., 1 m. 61, né dans la Nièvre et élevé chez M. Blay. Cherbourg et Bégonia jument de pur-sang, par Zut et La Bastille. (Gains, 3,346 fr. 66; Vitesse, 1'49" 3/8. M. Blay, 7,000 fr. (R-s-Y., 1895.)

Orignac, 1887, p. s. anglo-arabe, al., 1 m. 60, né au haras de Pompadour. Bariolet et Estencia, par Harami ar. (R-s-Y., 1891.)

Phlegethon, 1886, p. s. anglais, b., 1 m. 59. Fontainebleau et Isménie, par Plutus. Gains, 103,000 fr. M. Archdeacon, 20,000 fr. (R-s-Y., 1892.)

Réussi, 1877, p. s. anglais, al., 1 m. 62. Flageolet et Régalia, par Stockwel. (R-s-Y., 1895.) Propre frère de Zut.

Samson, 1874, d. s. vendéen, al. f., 1 m. 60. Kapirat II et l'aïeule de Jackson, par Barbe-Bleue et Alisor. M. Bouillé, 8,000 fr. (R-s-Y.. 1878.

Sapajou, 1885, p. s. anglais, b., 1 m. 63 Milan et Stephanotis, par Macaroni. M. Edm. Blanc, 9,000 fr. (R-s-Y., 1890.)

Sultan II, 1886, p. s. anglais, b. m., 1 m. 65. Le Destrier et Couten of Salisbury, par Knight-of-The-Gaster. Gains, 29,000 fr. M. Edm. Blanc, 12,000 fr. (R-s-Y., 1893)

Terme, 1875, d. s. normand, al., 1 m. 61. Gouverneur ou Ignoré et Egésippe. M. Brion, 6.500 fr. (R-s-Y., 1879.)

Père des étalons Caïn, 6,000 fr.; Clown, 5.500 fr.; Désert, 6,500 fr ; Eclaireur, 5,000 fr ; Electricien, 5.500 fr.; Esculape, 5,000 fr.; Essai, 5,000 fr.; Givrand, 6,500 fr.; Guillaume-Tell, 5,500 fr.; Gouverneur, 5,000 fr.; Huguenot, 5.600 fr.; Iar, 5,500 fr.; Iédo, 6.000 fr.; Kan, 5,000 fr., et Nénuphar, 6,000 fr. Un grand nombre de ses fils ont été achetés dans le Marais, par M. de la Ville, le grand marchand de Normandie.

Udor, 1876, d. s. normand, al. br., 1 m. 58. Volant et Forey. M. Gost, 6,000 fr. (R-s-Y., 1880.)

Unitaire, 1876, d. s. vendéen, al., 1 m. 59. Glaneur p. s. et jument de l'Etat. M. Guiet, 6,000 fr. (R-s-Y., 1880.)

Unkel, 1876, d. s normand, al , 1 m. 60. Elu et Utrecht (Prince). M. Ledars, 5,000 fr. (R-s-Y., 1880.)

Urgos, 1876, d. s. normand, b., 1 m. 58. Koping et Valdemar. M. Gost, 5,500 fr. (R-s-Y., 1880.)

Valenciennes, 1877, d. s. vendéen, al. f, 1 m. 58. Kapirat II, Julien et Gainsborough. M. L. Crochet, 6,000 fr. (R-s-Y., 1881.)

Valide, 1877, d. s. charentais, b., 1 m. 58. Quibbler, Lucifer et Misanthrope. M. Bouillé, 6,000 fr. (R-s-Y., 1881.)

Vanité, 1877, d. s. vendéen, al. f., 1 m. 62. Kapirat II et Capucine, par Acacia et Isigny. M. Gauvreau, 8,000 fr. (R-s-Y., 1881.)

Père des trotteurs Eurydice et Krombeck et des étalons Gigès, 6,000 fr.; Ipse, 6,000 fr.; Joyeux, 5,000 fr; Jacas, 5,000 fr. et d'un grand nombre de poulinières d'élite.

Vanité fut vendu 3,100 fr. à deux ans, par M. G. Cacaud, éleveur à Saint-Gervais; il gagna 500 fr. dans les courses de 1880, courant sous le nom de M. Gauvreau.

— | **Véhément**, 1877, d. s. normand, b. b., 1 m. 61. Royal p. s. et Victorieux. M. Bastard, 5,500 fr. (R-s-Y., 1881.)

Père de la merveilleuse jument *Gazelle*, à M. de Béjarry, qui a fait en novembre 1891 la route de Paris au Havre par Rouen et retour, soit 110 kilomètres en 56 h. 56", attelée et conduite par son propriétaire.

Zambo, 1888, p. s. angl., b. ch., 1 m. 65. King Lud et Optimia, par Plutus. Gains, 50,200 fr. M. de Berteux, 25,000 fr. (R-s-Y., 1893.)

Parmi les jeunes étalons qui n'ont encore fait qu'une ou deux montes, il est difficile d'indiquer les étalons de tête; il faut attendre à plus tard avant de les juger comme reproducteurs.

Sur les 176 étalons dont je viens de donner les noms et origines, il y a 14 pur-sang anglais, 4 pur-sang anglo-arabe, 98 demi-sang normands, 44 demi-sang vendéens, 10 demi-sang charentais, 5 demi-sang de la Loire-Inférieure et 1 demi-sang bigourdan.

SUITE AUX

CHRONIQUES DE L'ÉLEVAGE

PUBLIÉES EN 1891

Liste des Propriétaires de la Circonscription de la Roche-sur-Yon gagnant les plus fortes Sommes dans les Courses au Trot.

Année 1891.

MM. H. Garreau, à Saint-Etienne-de-Montluc	19.678	35
L. Blay, à Nalliers	9.971	25
Gauvreau, à Angles	9.100	»
P. Simonneau, à Maillé	7.960	»

Année 1892.

P. Simonneau	14.580	»
A. Bouillé, à la Marottière	13.375	»
L. Blay	12.735	»
Gauvreau	9.700	»
H. Garreau	5.115	»

Année 1893.

MM. F. Gauvreau	39.814 60
L. Blay	36.510 »
A. Bouillé	15.280 »
H. Garreau	7.722 »

Année 1894.

L. Blay	14.547 66
H. Garreau et Champeil	9.820 »
F. Gauvreau	9.711 40
A. Rousselot, au Perrier	4.136 65
F. Lécuyer, à Saint-Etienne-de-Montluc	3.086 70
A. Le Boterf, à Saint-Etienne-de-Montluc	2.645 »

Liste des Etalons du Haras de la Roche-sur-Yon dont les Produits ont gagné les plus fortes Sommes dans les Courses au Trot.

Année 1891.

Arcole	19.663 35
Bégonia	8.525 »
Albrant	8.367 50

Année 1892.

Le Lion, p. s. ang.	11.526 65
Bégonia	8.690 »
Arcole	7.325 »

Année 1893.

Bégonia.........	9.939	20
Le Lion p. s.....	8.795	80
Dandy..........	6.033	70

Année 1894.

Irun.............	9.995	»
Bégonia.........	9.371	60
Arcole...........	7.932	65

Liste des Etalons dont les Produits ont gagné au moins 30,000 fr. dans les Courses au Trot.

Année 1891.

Tigris..........	148.700	30
Phaéton.........	112.716	75
Cherbourg......	95.061	15
Beaugé.....	68.268	35
Serpolet-Rouan	37.709	15
Elan app.........	31.602	50

Année 1892.

Tigris...........	213.321	»
Phaéton.........	88.272	50
Cherbourg......	82.332	50
Etendart........	72.020	»
Galba...........	51.862	50
Edimbourg.....	48.540	»
Beaugé..........	46.593	65
Flibustier.......	30.992	50

Année 1893.

Fuschia.........	185.186	20
Cherbourg.....	118.495	65
Tigris...........	110.199	95
Edimbourg.....	78.117	35
Phaéton.........	72.725	85
Etendart........	51.895	»
Cicéro II...... ..	48.189	50
Fontenay.......	44.765	»
Serpolet-Rouan	37.801	15

Année 1894.

Fuschia.........	278.150	15
Cherbourg......	102.024	86
Phaéton...	94.957	50
Tigris......... .	51.355	»
Fontenay.......	43.685	»
Edimbourg.....	32.995	»

L'ÉLEVAGE VENDÉEN

En 1896, j'ai l'intention de publier un gros volume sur l'**ÉLEVAGE VENDÉEN,** qui sera très complet et se vendra de 5 à 6 francs. Je prie les personnes qui désirent se le procurer de vouloir bien se faire inscrire à l'avance afin que je connaisse approximativement le nombre d'exemplaires à faire tirer.

La Roche-sur-Yon, janvier 1895.

L. HAMON.

LE STUD-BOOK VENDÉEN, publié en 1889, et **LES CHRONIQUES DE L'ÉLEVAGE,** en 1891, par Louis HAMON, donnent les noms et origines des Etalons qui ont fait la monte dans la circonscription depuis 1839; la liste des Étalons achetés à la Roche-sur-Yon depuis 1871 et celle des trotteurs achetés en Normandie; les comptes-rendus des Concours de Poulains, Pouliches et Poulinières en Vendée; les Chevaux placés dans les Courses au trot des Concours hippiques de Nantes et de Paris, dans les Derbys de la région et dans celui de Rouen, ainsi que dans les Épreuves d'Étalons de la Roche-sur-Yon et de Rochefort-sur-Mer; les Trotteurs et Galopeurs Vendéens; les chevaux de la circonscription primés dans les Concours régionaux et internationaux ainsi qu'une foule de renseignements utiles sur l'Élevage de l'Ouest.

Prix du **Stud-Book,**	par la Poste,	**5 fr. 50.**
Prix des **Chroniques de l'Élevage,**	id.	**4 fr. 75.**

LA ROCHE-SUR-YON, IMP. Ve IVONNET ET FILS
5106

www.ingramcontent.com/pod-product-compliance
Lightning Source LLC
LaVergne TN
LVHW021648170726
843501LV00007B/2474
9782329640273